微熱

38℃

！最享瘦的幸福泡澡美人操

每天做「洗澡伸展操」，塑造健康的身體

　　大家好，我是久永陽介。

　　我擁有按摩指壓、針灸、整骨、整脊、柔道整復師等五種專業執照，近二十年當中曾經為十萬人進行過治療。

　　最近也為奧運體操選手、職業體育選手、模特兒、女明星等不同領域的人士，進行過身體方面的調養。在如此豐富的實際經驗當中，我設計一套可迅速調整體型、改善身體症狀的方法，也就是「關節伸展操」。

　　「關節伸展操」不同於過去健身運動所強調的「伸展肌肉」，而是藉由伸展動作「把已經歪斜的骨架調整恢復到原來的位置」。

　　本書介紹的「洗澡伸展操」是經過一番改良研發出來的，進一步加強「關節伸展操」的效果，讓每個人可以輕輕鬆鬆自行在家進行。藉由泡澡讓身體慢慢變暖，促進身體的新陳代謝，同時再藉由伸展操來矯正歪斜的骨骼。

　　藉由「關節伸展操」可以促進新陳代謝，養成「易瘦體質」，如果在泡澡的時候同時做伸展操的話，更能產生顯著效果，不僅可以迅速調整骨架，更能雕塑身體線條，促使經過關節的神經、血液、淋巴更加順暢無阻，自然可以快速改善浮腫、手腳冰冷、肌膚粗糙、生理痛等各種症狀。

　　女性一旦擁有美麗與健康，自然容光煥發、自信心滿滿，此種自信必能化成一種光輝與幸福快樂的標章，不僅自己感覺幸福，也能帶給別人幸福。因此，從現在開始，請您每天進行「洗澡伸展操」，創造一個幸福快樂的自己。

久永陽介

CONTENTS

第1章　洗澡伸展操的基礎篇

第2章　塑造美麗的身材

第3章　創造健康的身體

第4章　創造健康的心靈

第5章　早上起床感覺全身舒暢

附　章　在公共澡堂、三溫暖
進行的「洗澡伸展操」

第1章

洗澡伸展操的基礎篇

Stretch

利用伸展操塑造理想身材

洗澡伸展操的基礎篇

顧名思義，「洗澡伸展操」就是洗澡時進行的伸展體操，尤其在熱呼呼的洗澡水當中進行伸展操，更能有效促進血液循環，調整骨盆與骨骼，塑造出健康姣好的苗條身材。

洗澡時，肩部以下泡在浴缸稱為「全身浴」，膝蓋以下泡在水中稱為「泡腳」，讓全身仰躺在水深較淺的溫泉裡等等則稱為「寢浴」。每一種泡澡方式各有不同的特殊功效。

但是，本書所介紹的「洗澡伸展操」，基本上是採用腰部以下泡在浴缸中的「半身浴」，主要的優點有二：其一可以泡得比較久，其二可以讓身體慢慢暖和起來，因此，此種泡澡方式比其他方式更能夠有效提升新陳代謝。

一邊提升新陳代謝一邊進行伸展操的話，可以促進血液循環避免血液淤滯，幫助老化廢物順利排出體外，進一步消除全身疲勞酸痛，使您精神元氣十足。

再者，每天持續進行「洗澡伸展操」，可以逐漸矯正彎曲的骨骼與骨盆，骨骼與骨盆經過矯正之後，自然不會對身體增加不必要的負擔，進而改善腳部與腰部不適，並減少內臟失調的問題。

此外，「洗澡伸展操」可以促進身體的基礎代謝，自然不會在身體堆積不必要的贅肉，進而轉變為「易瘦體質」，

「洗澡伸展操」的基礎篇

「半身浴」是最基本的方法

浴缸的水深大約在胸部以下的心窩附近。

變換不同的洗澡方式

泡澡或是淋浴，變換不同的洗澡方式。

先把洗澡水拍在身上再進入浴缸

先把洗澡水拍在身上數次，然後進入浴缸，才不會對心臟造成不必要的負擔。

一次大約20～30分鐘

放鬆心情慢慢進行「洗澡伸展操」。

好好休息

洗完澡之後，喝水補充水分，好好休息一下。

洗澡水的水溫不宜太高

洗澡水的水溫不宜太高，大約設定在攝氏38～40度。

並可有效改善手腳冰冷，增強身體免疫力。總之，「洗澡伸展操」是塑造理想體型，同時達成健康與美貌的最有效也最快速的保健方法。

不論採取全身式的伸展操或是針對不同症狀採取局部伸展操，一定可以獲得理想的效果，所以，請您務必在洗澡的時候，抱持著輕鬆的心情慢慢進行伸展操，為自己塑造出最理想健美的身材。

既安全，又有效的「洗澡伸展操」的7大要領

要領 1

避開剛吃飽的時候

洗澡時，多數血液會集中到皮膚附近，因而影響到腸胃的消化功能，所以，應避免在洗澡之前吃東西，也不宜在飯後立刻洗澡，否則容易出現不適症狀。飯後最好經過兩小時之後再洗澡。

要領 2

劇烈運動之後避免洗澡

洗澡所消耗的熱量遠超過一般人的想像，因此，劇烈運動之後立刻洗澡的話，容易造成身體疲勞，增加內臟負擔，最好等到身體狀態完全穩定之後再洗澡，更能有效消除疲勞。

要領 3

酒後不宜洗澡

喝酒之後，血流會往心臟集中，脈搏也會加速，如果酒後立刻洗澡，上述的作用更會加劇，對心臟造成不必要的負擔。所以，喝酒之後應避免馬上洗澡，即使是洗溫水澡也要避免。

要領 4

生病中、初癒後或疲勞的時候都不宜做「洗澡伸展操」

身體狀況欠佳或感到疲勞倦怠時，體內需要利用熱量來恢復體力，因此，在這種狀態之下應避免進行「洗澡伸展操」，否則將會更加耗費身體熱量，反而對體力造成不良影響。因此，生病中、初癒後或極度疲勞時都應避免。

要領 6

先泡澡，再清洗身體

最理想的做法是先泡澡數分鐘之後，再清洗身體。因為泡澡可以促進代謝，毛細孔也會張開，更容易排出皮脂與污垢。不過，如果是在公共浴室或泡溫泉，則應遵守浴場規則，把身體清洗乾淨之後再進入池中。

要領 5

洗澡前後喝一大杯水

洗澡前補充水分的話，可以促進排汗，排出多餘水分與老化廢物。洗澡20分鐘之後，因為大量排汗，身體將會出現水分不足的現象，所以，不論洗澡前或洗澡後，都要補充水分。

要領 7

水溫保持38~40℃，泡澡約20~30分鐘

利用洗澡時間進行伸展操的話，水溫過高容易造成頭昏，也會增加心臟的負擔，所以，38～40℃是最理想的水溫，而且每次泡20-30分鐘之後，務必起身補充水分與休息之後，才可以繼續泡。

Stretch

效果一百分的沐浴訣竅

半身浴＋關節伸展操
產生魔法般的相乘效果！

半身浴加上伸展操固然效果卓著，但是也並非所有的伸展操都適用。所謂「洗澡伸展操」專指「關節伸展操(或是骨骼伸展操)」，也就是藉由骨盆與骨骼的矯正，來改善身體的歪斜狀態。

「關節伸展操」是以整脊推拿、脊椎按摩療法、瑜伽、吐納法等理論為基礎所歸納出來的一種速效伸展操，利用緩慢的節奏使關節軟化，將骨骼和骨盆導向原來的正常狀態。

再者，關節伸展操可以促進血液循環，幫助疲勞物質與老化廢物排出體外，因此可以迅速達到消除疲勞的功效。

何謂「關節伸展操」

joint
（關節）

＋

stretch
（伸展）

joiretch
（合稱為關節伸展操）

想提昇「關節伸展操」的效果具有三種重要的訣竅，也就是「呼吸」、「節奏」和「伸展的深度」。

「呼吸」的方式可以是「用鼻子吸

14

關節伸展操的訣竅

1. 呼吸　　深度吸氣與吐氣，慢慢進行每個動作，讓氧氣順利運送到身體每個角落。
2. 節奏　　放鬆全身，以極為緩慢的節奏把每個動作做到位。
3. 深度　　在完全不勉強且舒適的狀態下，慢慢伸展身體每個部位

氣，再由嘴巴吐氣」，也可以是「用嘴巴吸氣，再由嘴巴吐氣」。吸氣時，應盡量把氣吸得有如要把氧氣運送到身體每個部位一般慢慢地吸得飽飽的；吐氣時，則有如要把體內所有的二氧化碳全部吐出體外一般盡量把體內的氣體吐盡。

所謂「節奏」，指的是放鬆全身，以非常緩慢的節奏做好每一個動作。不必急著快速做完每個動作，而是以極為緩慢的節奏把每個動作做到位。

「伸展操的深度」則要避免超越個人的體能限度，只要盡力而為即可，千萬不可超越限度，否則只會把身體弄痛，卻無法正確矯正身體的歪斜。也就是「在完全不勉強且舒適的狀態下，慢慢伸展身體每個部位」。

Stretch

超級有效的洗澡方式

快樂舒適度過沐浴時間的7大訣竅

「半身浴」加上「關節伸展操」的效果就已經非常卓著，如果再多用一點心思，更能夠讓自己好好享受沐浴，在愉悅的心情下快樂舒適度過洗澡時光。

重點①

利用冷熱效果來美化肌膚

熱水會去除皮膚表面的油脂皮屑，洗完澡之後皮膚容易變得乾燥粗糙。此外，半身浴可以逼出體內油脂，因此可達到美肌效果。

泡澡之前，不妨設法讓浴室充滿水蒸氣，例如關上浴室的門或拉上浴簾，讓整個空間充滿水蒸氣，即可產生近似蒸氣室的效果，提升肌膚的保濕效果。

重點②

喝薑汁紅茶可以促進排汗

基本上，洗澡前後喝一杯水是最理想的。若想提昇效果，洗澡前先喝一杯熱熱的薑湯，可以促進發汗作用，加強減肥降脂的功效。所謂薑汁紅茶就是在泡好的紅茶中滴幾滴薑汁，或是先把薑片煮出味之後，放入紅茶包泡一下即成。

重點③

選用喜愛的沐浴精，製造奢華的洗澡氣氛

既然要悠悠哉哉好好洗個澡，不妨挑選自己最喜愛的沐浴精、浴鹽、精油或芳香油。挑選時就已經是一種樂趣了，

也可以在洗澡水添加橘子皮或檸檬皮，增添清香味道；在特別的日子則稍微奢侈一點，添加玫瑰花瓣，看著花瓣浮在水面上，必能讓您感到心曠神怡。

重點④ 半身浴的時候，毛巾可派上用場

採取半身浴的時候，有人可能擔心上半身會受寒，所以不妨在肩上披上毛巾。即使採用溫水，只要慢慢做伸展操，還是能夠促進下半身的血液循環，讓下半身立刻暖和起來，連帶的也會使上半身感到溫暖。偶爾也可進行全身浴，也就是讓雙肩泡入熱水中，「半身浴」和「全身浴」交替進行也是很好的做法。

重點⑤ 選用可愛的沐浴用品增添洗澡樂趣

選用造型可愛的毛巾、浴袍、蠟燭、給皂器、海棉、矮凳子等浴室用品，可以增添洗澡樂趣，此外，也可在浴室裝設收音機或CD音響設備，可以一邊洗澡一邊聆聽音樂，讓洗澡變成一件快樂的行程，一想到洗澡內心就非常雀躍。

重點⑥ 利用按摩消除浮腫

時間充裕的話，不妨利用洗澡時間為腳部進行按摩。當全身暖和起來之後，隨即進行腳部按摩的話，更可促進新陳代謝，有效消除腳部浮腫。但是，用力不宜過猛，應該用手掌輕柔的方式從腳尖往大腿方向按摩。

重點⑦ 不妨喝一點點酒

洗澡後不妨喝一點點酒，可以讓全身更放鬆，緊繃的身心靈完全獲得舒解，更可以達到安睡效果。但是，洗澡後，血液都流往心臟，脈搏會加快，所以最好經過一個小時之後再喝少許酒，而且一次只倒適量，喝完就結束，千萬別一口一口喝個不停，以免過量。

Stretch

基本姿勢① 上半身的伸展

此伸展操可充分鬆開肩關節，改善頸部與脊椎側彎，促進血液循環，消除肩膀酸痛，並可逐漸改善駝背症狀。每一個動作都要做得緩慢確實，同時進行深呼吸，在腦子裡想像著讓氧氣運送到身體各個角落。

雕塑身材

改善身體症狀

消除疲勞

改善體質

舒緩全身

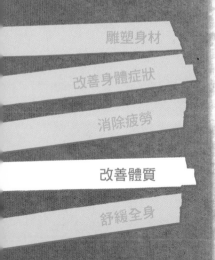

STEP

01

坐在浴缸，豎起膝蓋，伸直背脊。

STEP
03

臉部上仰，頸部慢慢向後彎，深呼吸6次。

STEP
02

雙手往後伸，放在浴缸邊緣，胸部往前挺。

雙手盡量往正後方伸直。

Stretch

腰部的伸展

基本姿勢②

此伸展操可讓骨盆回復到原來的位置，幫助身體健康又容易保持纖瘦身材。骨盆歪斜容易造成代謝緩慢，脂肪容易堆積。只要矯正骨盆，自然就容易保持身材苗條，同時也可以改善手腳冰冷與腰痛。

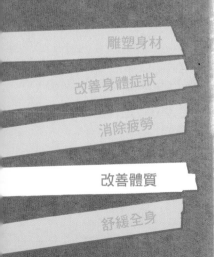

STEP 01

坐在浴缸後方，雙膝微微彎曲。

STEP 02

左腳交叉在右腳上方，伸直背脊。

雕塑身材

改善身體症狀

消除疲勞

改善體質

舒緩全身

STEP

03

集中精神轉動腰部，雙腳慢慢倒向右腳方向，深呼吸6次，換邊做相同的動作。

上側的臀部
應隨著腰部
的轉動而抬
起。

21

基本姿勢③

下半身的伸展

雕塑身材

改善身體症狀

消除疲勞

改善體質

舒緩全身

此動作主要用來調整股關節與下半身骨骼，盡量伸展平常不會運用到的腰部或胯下關節，只要持之以恆將可改善O型腿，也可以改善因下半身歪斜所造成的腰痛。

STEP **01**

坐在浴缸後方，雙膝微微彎曲。

STEP **02**

右腳朝外彎曲，讓股關節朝向內。很難做到的話，保持伸直狀態也無妨。

左腳踝放在右膝蓋上，伸直背脊，
深呼吸6次。換邊做相同的動作。

不必如跪座一
般把小腿壓在
大腿下。

美麗的骨骼架構
不會造成贅肉堆積

　　洗澡伸展操的功效非常顯著，而且比想像中還要快速，一離開浴缸，體重就會明顯減少，甚至還可以改善O型腿。

　　洗澡伸展操之所以有如此神速的效果，並不是完全歸功於肌肉的伸展，而是直接改善肌肉內部的骨骼與關節歪斜症狀。也就是可以迅速調整歪斜的骨骼，並且快速把骨骼調整到原來位置，所以，骨骼歪斜的症狀越嚴重的話，體會就更明顯。

　　若您總是覺得「明明有在控制飲食，卻怎樣也瘦不下來」而感到困擾，有可能您的骨骼已經歪斜。

　　直桶腰、腹部突出、大屁股等等，主要都是因為骨盆擴大所造成。只要把擴大的骨盆回復到原來位置，腰圍自然就會縮小，而且只要繼續保持的話，多餘的贅肉將會逐漸減少。

　　再者，利用洗澡伸展操來提升關節柔軟度的話，同樣的肢體動作卻可增加運動量，也會提升身體代謝率。如此一來，即使只是日常很簡單的動作，也會將無用的脂肪加以燃燒，進而變成夢寐以求的「易瘦體質」。

　　只要天天進行洗澡伸展操，根本不需要特別節食，也可以塑造出「小蠻腰」、「美麗的胸部曲線」，擁有百分百完美的身材。

第2章

塑造美麗的身材

Stretch

減重

此伸展操可以矯正全身關節,促進血液循環,幫助排出體內的老化廢物,故可消除身體浮腫,塑造苗條身材,使臀部線條更堅挺,也具有提臀效果。

STEP 01

膝蓋以下朝外跪坐,雙手放在身體後方以支撐上半身。

雕塑身材

改善身體症狀

消除疲勞

改善體質

舒緩全身

STEP 03

雙腳伸直,腳踝擱在浴缸邊緣。

STEP

02

抬起臀部，伸直背部，深呼吸6次。放下腰部，回復到原來的姿勢。

視線朝向天花板，抬高下顎，伸直頸椎。

STEP

04

臀部慢慢向上抬，深呼吸6次。

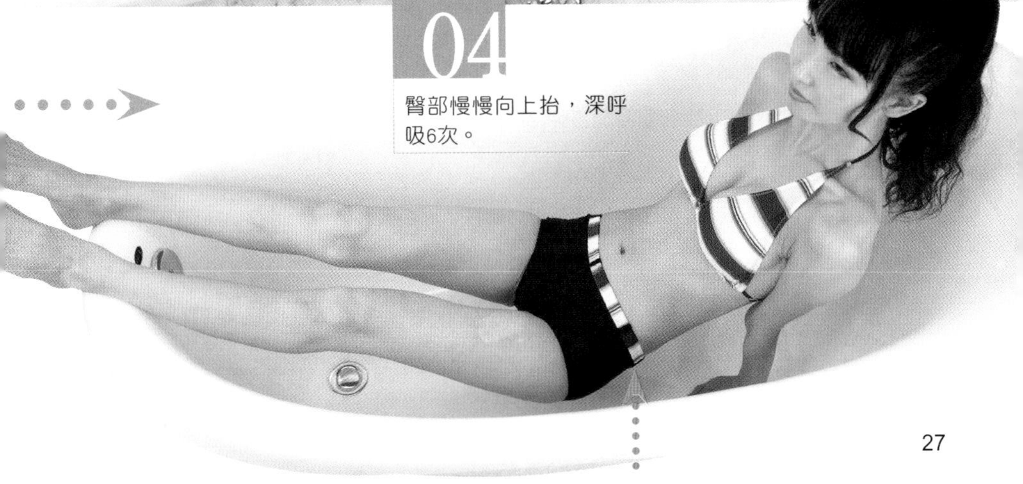

27

Stretch 雕塑腰部曲線

雕塑身材

改善身體症狀

消除疲勞

改善體質

舒緩全身

STEP 01

背部靠著浴缸坐著，輕輕豎起右膝，抬起左腳，腳踝放在右膝上。

用力扭轉骨盆與腰部，矯正骨骼藉以雕塑細腰。泡澡可以提高身體溫度，減少脂肪堆積，使腰部和腹部肌肉更緊緻，並能有效改善便秘與腰痛。

STEP 05

腰部慢慢向左右轉動。

雙手抱住左膝，慢慢地往身
體的方向壓。

用右手壓住左
腳，臀部跟著
往上移。

STEP
03

扭轉腰部，使左膝倒向右
側，深呼吸6次之後，換邊進
行相同的動作。

STEP
04

回復原來的姿勢，伸直雙腳，
腳踝放在浴缸邊緣。

Stretch
提臀

這是一個具有提臀效果的伸展動作，可以矯正骨盆使臀部堅挺，令大腿和臀部有著明顯的界線，並可有效消除下半身的疲勞。

STEP 01
跪立，上半身挺直。

STEP 02
左右腳前後打開，放鬆雙肩，全身保持輕鬆狀態。

雕塑身材

改善身體症狀

消除疲勞

改善體質

舒緩全身

左手抓住左腳尖，慢慢朝身
體的方向壓，深呼吸6次。換
邊做相同的動作。

一手扶著浴
缸，藉以支
撐身體。

31

Stretch

瘦腿

矯正歪斜的股關節與膝關節，可以使胖胖腿變成修長的雙腿。刺激雙腳肌肉可以提高代謝率，進而消除雙腳浮腫。做伸展運動時，每個動作都要做得非常確實與到位，並且把意志力完全集中在每一個關節動作。

雕塑身材

改善身體症狀

消除疲勞

改善體質

舒緩全身

STEP

01

左腳伸直，右腳朝外側彎曲。

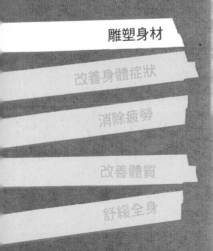

STEP

02

右手抓住右腳踝，慢慢拉向
身體的方向。深呼吸6次。

STEP

03

左腳也朝外側彎曲，深
呼吸6次。然後換邊做
相同的動作。

Stretch

消除浮腫

身體出現浮腫現象卻不加理會的話，將會演變為手腳冰冷。這個伸展操可以調整歪斜的骨盆與脊椎，促進體內血液循環，老化廢物就不會堆積在體內，使身體變得輕鬆無負擔，並可迅速消除疲勞。

STEP 01

豎起膝蓋坐在浴缸中，雙手放在後面支撐身體。

STEP 03

放下腰部，回復到①的姿勢，雙腳離開浴缸10公分左右，深呼吸6次。

雕塑身材

改善身體症狀

消除疲勞

改善體質

舒緩全身

Stretch

豐胸

將歪斜的肩部與肋骨加以矯正之後，自然可以提高胸部的高度，使胸部變得堅挺。將原本內縮的肩膀完全鬆開，改善駝背現象，同時可以消除側腹與背部的贅肉，雕塑出苗條緊實的上半身，同時也使大腿與臀部肌肉更結實。

STEP 01

跪坐，稍微挺胸，雙肩放鬆，全身保持輕鬆狀態。

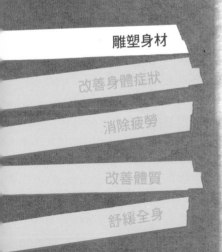

雕塑身材

改善身體症狀

消除疲勞

改善體質

舒緩全身

02

雙手在後方支撐，弓起上半
身，胸部往上挺。

指尖盡量朝
向裡側。

STEP

03

腰部慢慢往上抬，身體
呈弓狀，深呼吸6次。

37

Stretch

雕塑小臉

此伸展操可以改善臉部肌肉鬆弛，讓臉部的輪廓線條更加鮮明。歪斜的骨骼經過矯正之後，血液循環更順暢，肌膚顯得有光澤，表情也更加生動。不過，請注意用力過猛可能引起肌肉鬆弛，反而會造成反效果。

STEP 01

手肘靠在浴缸邊緣，雙手掌貼放在下巴兩側，頂住整顆頭部。

STEP 03

雙手向後方移動，把耳朵夾在拇指和食指之間，深呼吸6次。

夾住耳朵邊緣，輕輕按壓。

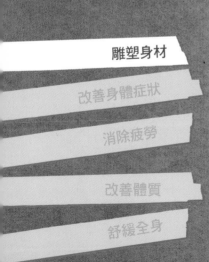

雕塑身材

改善身體症狀

消除疲勞

改善體質

舒緩全身

STEP

02

手掌輕輕朝顴骨上方滑
動,深呼吸6次。

Stretch

瘦手臂

此伸展操是將手臂朝外側打開伸直，藉此消除雙手的手臂贅肉。此動作可以提高肩部、手肘、手腕關節的柔軟性，打通瘀血促進血液循環，同時也可促進脂肪燃燒率。不過，最好在盡可能的範圍內做每個動作，不宜過度勉強，以免受傷。

STEP 01

坐在浴缸，雙腳伸直，雙手放在大腿上。

STEP 04

手指伸直，將手腕慢慢壓向大腿，深呼吸6次。

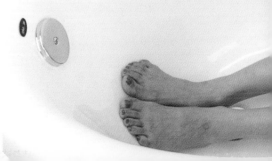

雕塑身材

改善身體症狀

消除疲勞

改善體質

舒緩全身

STEP
02
雙手掌滑向大腿
兩側。

STEP
03
慢慢翻轉指尖，
使指尖朝向身體
方向。

手指應該併
攏。如果做
不到也可以
打開手指。

日常生活避免造成骨骼歪斜的動作，
才能夠成為「骨骼美人」

　　骨骼歪斜對於人體姿勢與步行姿勢都會造成不良影響。骨盆太開容易造成O型腿，不僅影響走路姿勢，甚至走起來路會缺乏平衡感。再者，脊椎歪斜的話，容易造成腰痛或關節疼痛，為了減輕身體上的疼痛，走路姿勢就容易錯誤，有的人會駝背，有的人則是像螃蟹一樣張開雙腳走路。如此一來，即使穿金戴銀也無法顯現美麗的姿態，更嚴重的是，錯誤的步行方式將會加劇骨骼歪斜的症狀，連帶會危害到健康。

　　利用「洗澡伸展操」來調整骨盆的話，走起路來腳拇趾會比較有力，重心比較穩定，就可以走成一直線，進而可以改善駝背症狀，讓原本緊縮的雙肩更為開展，駝背現象自然就會消失於無形。

　　然而，造成骨骼歪斜的主要因素都在於日常的生活習慣，因此，即使經常做「洗澡伸展操」，如果日常生活仍保持不良姿勢的話，當然就無法看到應有的效果。例如：平常必須長時間伏案工作的人，如果能夠隨時起身活動筋骨的話，自然就能避免長時間採取坐姿造成骨骼變形的現象。此外，穿不合腳的鞋子或高跟鞋也是造成骨骼歪斜的主要原因，應避免之。

　　只要多注意平常生活的各種動作，避免不良的生活習慣，再加上勤做「洗澡伸展操」的話，必然可以出現驚人的效果，舉手投足也更具美姿美儀，更能顯現女人的美麗。

NG的姿勢

□翹腿
□穿高跟鞋或尺寸不合的鞋子
□托腮
□側坐或盤腿坐

□長時間久坐
□長時間單手拿重物
□長時間側躺

第３章

創造健康的身體

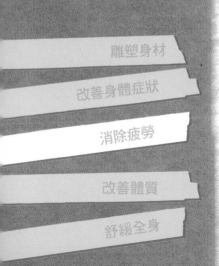

Stretch

消除眼睛疲勞

雕塑身材

改善身體症狀

消除疲勞

改善體質

舒緩全身

何謂「理想的洗澡溫度」?

　　一般來說,洗澡水的溫度都是在42℃左右,似乎大多數人都會稍微再設定高一點的溫度。不過,不太推薦這種「高溫浴」。

　　洗澡的目的就是把身體洗乾淨,而且通常是在睡前洗澡,讓身心得以完全放鬆。一旦洗澡水的溫度過高,將會刺激身體的交感神經,反而讓全身更加清醒;而且熱水會讓全身熱起來,血壓與心跳次數都會突然增加,對身體造成負擔。由此可知,睡前進行「高溫浴」不僅無法放鬆身心,反而會造成反效果。

　　睡前洗澡的話,以38℃的水溫為最理想。也就是在38℃的溫水浸泡20分鐘左右,可以讓副交感神經比較活躍,可讓人輕輕鬆鬆沉浸在泡澡的樂趣中。因此,若想以泡澡做為一天的結束,還是以「溫水澡」為最理想。

按壓眼睛相關的骨骼，促進血液循環，可以增加頸關節的柔軟度，並可進一步消除眼睛疲勞。肌肉的功能順暢之後，眨眼的次數就會增加，使眼球得到滋潤，即可改善眼睛乾澀症狀。

STEP 01

坐在浴缸內，背靠浴缸，頭頸部靠在浴缸邊緣，慢慢向上抬高下顎，伸直脖子，深呼吸6次。

STEP 02

雙手手指交叉，拇指貼在眼角，用指腹輕壓眼角，同時深呼吸6次。

注意不可過度用力。

Stretch

消除肩膀酸痛

此伸展操可以矯正肩膀周圍的歪斜，消除肩膀酸痛，並可有效收緊側胸，使雙臂變細。伸展的動作不宜用力太猛，而是集中意識在關節動作，把每個動作做得確實又到位。

雕塑身材

改善身體症狀

消除疲勞

改善體質

舒緩全身

STEP 01

舉起左手放在背部中央。

STEP
02
右手抓住左手肘，慢慢向右拉，
深呼吸6次。換邊做相同動作。

集中意志在
整個肩胛骨
的動作。

STEP
04
用左手慢慢將右手往左
拉，深呼吸6次。換邊做
相同動作。

STEP
03
雙手手指交叉
放在後頭部。

Stretch

消除頭痛

此伸展操可以增加頸部、肩膀到後頭部的關節柔軟度，進而消除頭痛，尤其在後頭部最突出的部位分佈有「眼睛穴位」，故可改善眼睛疲勞所引起的肩膀酸痛與頭痛，而且效果非常有效。

※頭痛也可能是其他疾病的症狀，嚴重時請務必接受醫生診察。

雕塑身材

改善身體症狀

消除疲勞

改善體質

舒緩全身

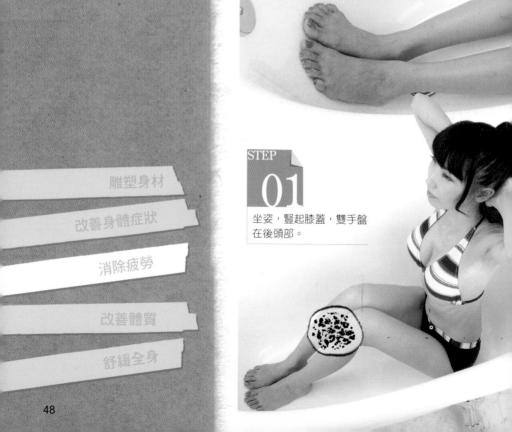

STEP 01

坐姿，豎起膝蓋，雙手盤在後頭部。

STEP

03

雙手放下，把頭頸根部貼在浴缸
邊緣，慢慢抬高下顎，伸直脖
子，深呼吸6次。

STEP

02

臉部朝上，頭部朝雙手按壓。

集中意識刺激
頭頸根部。

49

$\mathcal{S}$tretch

消除生理痛

雕塑身材

改善身體症狀

消除疲勞

改善體質

舒緩全身

STEP 01

豎起膝蓋坐好，雙手放在後方支撐上半身。

STEP 02

上半身保持不動，慢慢扭轉腰部，雙腳倒向右邊。

矯正骨盆歪斜可以改善生理疼痛。女性每遇生理期間，骨盆就更容易出現歪斜，所以平常應經常伸展此部位，把骨盆矯正到正確位置。但是，生理期間則不宜做此伸展操，以免增加骨盆負擔。

※生理痛也可能是其他疾病的症狀，嚴重時請務必接受醫生診察。也請別忘了至婦產科接受定期檢查。

STEP

03

把下面的右腳移到左腳上方呈交叉狀，深呼吸6次。換邊做相同動作。

在扭轉腰部時，臀部微微抬起。

$\mathcal{S}$tretch

消除便秘

將歪斜的骨盆加以矯正之後，可促進腸胃蠕動，消除便秘。但是，造成便秘的因素非常多，可能是飲食、生活作息或精神壓力所造成，所以，平時應多攝取富含纖維質的食物，充分咀嚼後再吞嚥，同時也要避免身體受寒。

※便秘也可能是其他疾病的症狀，嚴重時請務必接受醫師
　診察。

STEP 02
左腳向前伸，把右腳往身體方向推壓。

STEP 03
右腳往上舉，腳跟放在左膝上。深呼吸6次。換邊做相同的動作。

雕塑身材

改善身體症狀

消除疲勞

改善體質

舒緩全身

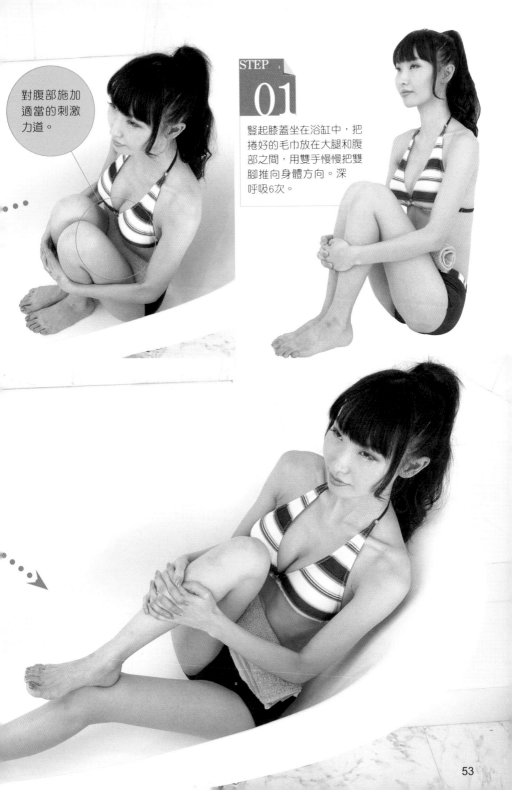

對腹部施加適當的刺激力道。

豎起膝蓋坐在浴缸中，把捲好的毛巾放在大腿和腹部之間，用雙手慢慢把雙腳推向身體方向。深呼吸6次。

Stretch

增加身體的柔軟度

此伸展操可以快速矯正全身歪斜的骨骼,增加身體柔軟度。只要每天做做伸展操,必可改變體質,增加身體的柔軟度。再者,骨骼與關節歪斜經過矯正之後,更能促進新陳代謝,進而轉變成易瘦體質。

STEP 01

雙腳伸直坐在浴缸,稍微彎曲膝蓋,雙手抓住腳踝,深呼吸6次。

STEP 02

右腳交叉放在左腳上,用右手抓住右腳踝,同時向左扭轉上半身,深呼吸6次。換邊做相同的動作。

雕塑身材

改善身體症狀

消除疲勞

改善體質

舒緩全身

伸展操的呼吸法

「洗澡伸展操」是讓身體泡在溫水中，一邊讓身體暖和同時矯正骨骼與骨盆。讓伸展操的功效發揮到最高境界的主要因素，就在於「呼吸方法」。

不過，此時所採取的呼吸法其實也不會很深奧難懂，可以採取「由鼻子吸氣、由嘴巴吐氣」，也可以採取「由嘴巴吸氣、由嘴巴吐氣」，訣竅在於「集中意志力，讓每一口氣的氧氣完全運送到身體的每個角落」，只要在腦袋裡專注此種想法，自己就會很自然的深呼吸，讓氧氣順利送抵身體各部位。重要的是，在深呼吸的同時，要以很緩慢的速度確實做出每個伸展動作。

緩慢並確實地扭轉腰部。

Stretch

雕塑下半身

雕塑身材

改善身體症狀

消除疲勞

改善體質

舒緩全身

STEP 01

右腳踝擱在浴缸邊緣，身體稍微往前傾，右手抓住右腳踝，一邊伸展整隻右腿的裡側，同時深呼吸6次。

STEP 02

慢慢朝浴缸斜後方轉動身體，腳輕輕放下，並把腳踝擱在浴缸邊緣。

56

針對下半身的骨骼進行伸展操，可以雕塑出玲
瓏有緻的苗條身形。以緩慢的速度進行伸展，
同時細心感受肌肉所受到的刺激感覺。不過，
浴室地板通常比較濕滑，為了安全起見，最好
抓住旁邊的扶桿，以免滑倒。

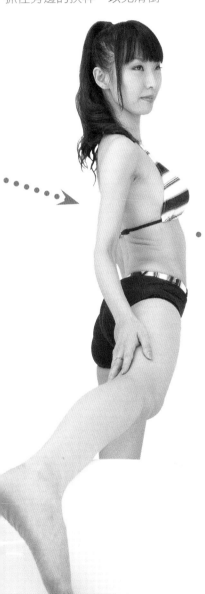

STEP 03

雙手往上舉起，手指交
叉，慢慢將身體側彎，深
呼吸6次。換邊做相同的動
作。

集中意志力使
身體呈現C字
形。

Stretch

雕塑上半身

矯正上半身歪斜的骨骼與關節，可雕塑出苗條且玲瓏有緻的上半身線條。伸展的時候，同時要細心感受肌肉所受到的刺激感覺。此伸展操可以消除雙臂贅肉，並且具有消除疲勞的功效。

雕塑身材

改善身體症狀

消除疲勞

改善體質

舒緩全身

STEP 01

跪坐在浴缸外面，背部靠著浴缸，張開雙臂放在浴缸內。

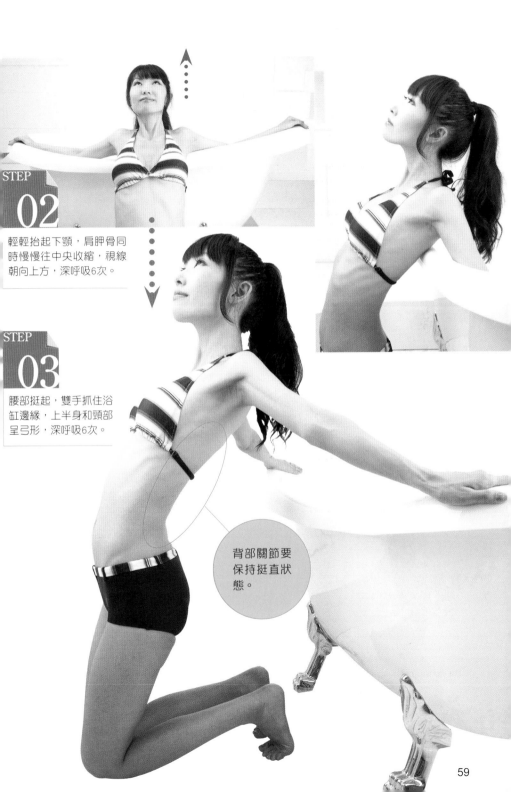

STEP 02

輕輕抬起下顎，肩胛骨同時慢慢往中央收縮，視線朝向上方，深呼吸6次。

STEP 03

腰部挺起，雙手抓住浴缸邊緣，上半身和頸部呈弓形，深呼吸6次。

背部關節要保持挺直狀態。

洗澡伸展操
讓妳從裡到外美麗又健康

　　骨骼歪斜不僅會影響外表體態的美觀，也容易造成便秘、手腳冰冷、生理痛等身體不適症狀，主要是因為骨骼歪斜引起自律神經失調所造成。

　　自律神經是由交感神經和副交感神經所組成，兩者各司不同功能來調整體內環境。正如人體分佈許多血管一般，人體裡也分佈著許多包括自律神經在內的種種神經，尤其是脊椎這個如同水管般的骨骼，裡面分佈許多神經。也就是說，自律神經與其他各種神經都在脊椎集中，並且連接到腦部。

　　因此，一旦骨骼發生歪斜，掌控身體的自律神經在傳遞上就會出現問題，交感神經與副交感神經連帶就發生失衡，因而出現心悸、呼吸急促、臉部潮紅、焦慮、失眠等症狀。總之，現代人經常出現的肩膀酸痛、疲勞倦怠、明明沒病卻總是全身不舒服，其實都是由自律神經失調所造成。

　　利用伸展操來調整骨骼，讓原本淤滯不通的血液或淋巴暢通無阻，同時也可讓神經的傳達更順暢，甚至也可以使荷爾蒙的分泌更平衡，進而可以改善手腳冰冷、生理痛、便秘等女性常見的毛病，讓妳從裡到外都非常美麗健康。

第4章

創造健康的心靈

Stretch

改善失眠深沉熟睡

雕塑身材

改善身體症狀

消除疲勞

改善體質

舒緩全身

STEP 01

豎起膝蓋坐好，雙手抱膝。

STEP 02

腳掌盡量離開浴缸底部，深呼吸3次。

將全身骨骼加以矯正之後，可使掌管安睡功能的副交感神經發揮功能。此外，睡前應避免打電腦、看電視，不宜喝咖啡和綠茶，以免因攝取過多咖啡因而影響睡眠。

※失眠也可能是其他疾病所造成，嚴重時請務必接受醫師診察。

STEP 03

雙手放在臀部下方支撐身體，伸直雙腳抵住浴缸，頭部靠在浴缸邊緣，一口氣弓起身體。

雙手在臀部呈三角形支撐住身體。

STEP 04

腰部慢慢往上抬，腳踝擱在浴缸邊緣。深呼吸3次。

Stretch

提升元氣與精神

自律神經發揮正常功能的話，才能夠保持精神充沛、充滿幹勁的狀態。頸部、腹部、腳底、背部的關節和自律神經有著密不可分的關係，藉由伸展操加以矯正的話，即可讓您每天精神抖擻元氣十足。

STEP 01

跪座，伸直背脊，肩膀放鬆，深呼吸1次。

雕塑身材

改善身體症狀

消除疲勞

改善體質

舒緩全身

紓解壓力的最佳方法就是「泡澡」

　　現代人在日常生活中，隨時都會感受到沉重的精神壓力，人體本來就具備某種療癒能力與防衛能力，讓身心隨時保持正常平衡狀態，來因應各種外來的刺激。不過，「壓力」本身並不是不好，甚至應該將其視為每個人都必須「具備」的。例如：平時做運動、擁有希望與夢想，這些都可說是一種「良性的壓力」。

　　然而，人際關係的困擾或工作上的困境所造成的精神壓力，則屬於「惡性的壓力」，一旦經常處在此種緊繃的精神壓力之下，將會造成人體血管收縮，交感神經處於亢奮狀態，因而造成失眠或手腳冰冷等症狀。

　　出現這類症狀時，泡泡「半身浴」的溫水澡是最有效的，可以抑制血管收縮，使副交感神經發揮功能，並可因此消除精神壓力。因此，不妨每天泡「半身浴」的溫水澡，只要持之以恆，即可讓自己的身體輕鬆面對各種壓力也不會出現問題。

STEP
02

雙手放在後方支撐身體，墊起腳尖以腳跟頂住臀部支撐，接著慢慢抬起腰部，深呼吸3次。

也可同時抬起下顎，伸直頸部。

Stretch

消除焦慮

雕塑身材

改善身體症狀

消除疲勞

改善體質

舒緩全身

STEP

01

坐在浴缸後方，微微豎起膝蓋。

丹田

STEP

02

倒放右腳，把右腳底放在左大腿下方。

藉由伸展操矯正骨骼，並且使丹田暖和，心情
就會慢慢穩定下來，逐漸消除焦慮。「丹田」
位在肚臍下方10公分之處，是聚集「精氣神」
的地方。矯正骨盆的同時，把意志力集中於丹
田的話，血液與氣流將會運行的更加順暢。

深呼吸，感
覺把氧氣送
入丹田。

STEP
03

左腳跨過右腳上形成交叉狀，用雙
手抱住左腳，慢慢壓向身體方向，
深呼吸6次。換邊做相同的動作。

Stretch

提升注意力

雕塑身材

改善身體症狀

消除疲勞

改善體質

舒緩全身

注意力逐漸降低的主要原因之一就是自律神經失衡所造成。此伸展操可以矯正骨盆與背部，調整自律神經，並因此提升注意力。矯正骨盆和背部對於調整自律神經有著極佳的效果。

STEP 01

坐著，豎起膝蓋。

STEP 04

上身保持不動，腰部慢慢朝左側扭轉，使右膝盡量貼在浴缸底部，深呼吸6次。換邊做相同的動作。

STEP
02

倒放左腳，把左
腳底放在右大腿
下方。

STEP
03

右腳跨過左腳上方
呈交叉狀，腳跟放
在左膝外側。

Stretch

成為感情豐富的人

自律神經一旦失調，內心就會感覺緊張焦慮，沒有多餘的心力可以面對或處理其他事情，自然就會對周遭的人事物沒有任何感覺。藉由伸展操促進上半身的血液循環，調整自律神經達到平衡狀態，自然就可以讓自己變成感情豐富的人。

STEP 01

伸直雙腳坐好，左腳跨過右腳呈交叉狀。

側看的情形

注意背部必須保持挺直，左手肘盡量舉高。

雕塑身材

改善身體症狀

消除疲勞

改善體質

舒緩全身

02

雙手盤在後頭部。

03

扭轉上半身,右手肘貼著左膝,
深呼吸3次。換邊做相同的動作。

動作不宜過
大,慢慢進
行即可。

Stretch

常保「青春美麗」

雕塑身材

改善身體症狀

消除疲勞

改善體質

舒緩全身

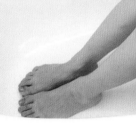

每個女性都希望自己能夠永保青春美麗，而「堅挺的胸部」更是青春美麗的絕佳保證。只要將頸部、肩部與肋骨的歪斜加以矯正，即可改善胸部下垂。再者，伸展肩胛骨可以連帶刺激到平常活動不到的肌肉，使脂肪慢慢減少，雕塑出青春美麗的身材。

泡澡前後
應多補充水分！

泡澡會造成體內水分大量流失，因此，泡澡前後必須補充水分。

泡澡後，有些人很想喝一杯冰冰涼涼的啤酒，不過，請您必須稍微忍耐一下，還是先喝一杯開水，等到一個小時之後才可以喝冰涼飲料，這樣才能夠避免血液變得濃稠，有益健康。

豎起膝蓋坐好,手肘擱在浴缸邊
緣,伸直背脊,放鬆肩膀。

下顎往上抬,伸直脖子,同時將背部的
肩胛骨慢慢往中央靠近,深呼吸6次。

伸展肩胛骨,
而不是伸展肩
部。

利用洗澡伸展操
使自律神經與荷爾蒙保持平衡

　　自律神經是由交感神經與副交感神經所組成，交感神經主要是在人體白天活動的時候發生功能，處理身心方面所產生的各種壓力；副交感神經主要是在準備睡覺時發生作用，使人變得放鬆平靜。

　　也就是說，交感神經和副交感神經各司其職，互相協調，各自在適當時間發揮作用。交感神經如同人體的「油門系統」，副交感神經如同人體的「煞車系統」，兩者相互保持平衡狀態，調整體內環境。

　　但是，現代人生活緊張、生活不規律又加上骨骼歪斜，造成自律神經紊亂，因而容易引起焦慮、失眠、睡很多仍然感覺沒睡飽、慵懶倦怠等症狀。

　　「洗澡伸展操」是改善以上症狀的最佳方法，只要矯正骨骼歪斜，自然可以讓交感神經與副交感神經保持均衡狀態，因此，白天可精神抖擻工作，晚上很自然就會產生睡意，一躺就能夠沉沉睡著。

交感神經與副交感神經的功能

	交感神經	副交感神經
	白天	夜間
功能	對抗身心壓力	放鬆身心
	提高心臟功能	抑制心臟功能
	增高血壓	降低血壓
	抑制消化	促進消化
	抑制排泄	促進排泄

第5章

早上起床感覺全身舒暢

Stretch

消除腰痛

STEP 01

豎起膝蓋坐好，伸直背脊，
肩膀放鬆。

利用伸展操矯正骨盆歪斜，可以有效消除腰
痛，尤其長時間站立工作或坐著讀書、上班的
人，最好經常做此伸展操，必可矯正骨盆與骨
盆周圍的骨骼，所以，請務必持之以恆。

＊腰痛也可能是其他疾病所引起，嚴重時請務必接受醫師
　診察，並定期到醫院接受檢查。

雕塑身材

改善身體症狀

消除疲勞

改善體質

舒緩全身

STEP 04

回復到①的姿勢，抬起左腳，腳跟放
在右側的浴缸邊緣。用雙手抓住膝蓋
與腳踝，使身體保持穩定。

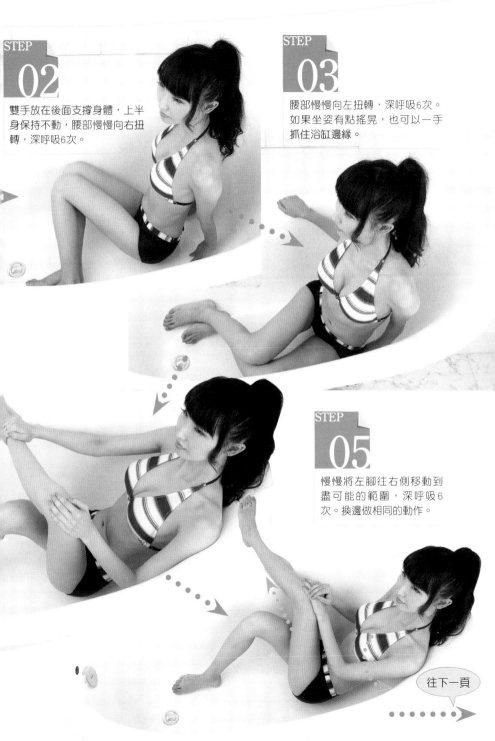

雙手放在後面支撐身體，上半
身保持不動，腰部慢慢向右扭
轉，深呼吸6次。

腰部慢慢向左扭轉，深呼吸6次。
如果坐姿有點搖晃，也可以一手
抓住浴缸邊緣。

慢慢將左腳往右側移動到
盡可能的範圍，深呼吸6
次。換邊做相同的動作。

往下一頁

06

豎起膝蓋坐好,雙
手抱住膝蓋,慢慢
將雙腳壓向身體方
向。

STEP

07

伸直雙腳,右腳朝外側彎
曲。右手抓住足踝,慢慢朝
身體方向拉,深呼吸6次,
換邊做相同的動作。

「高溫浴」的方法與效果

　　進行「洗澡伸展操」的時候,建議採用攝氏38度左右的溫水浸泡下半身,也就是
所謂的「溫水半身浴」。

　　不過,只要時間與方法正確,採用40度左右的「高溫浴」也可以達成很好的功
效。「高溫浴」可以幫助交感神經發揮作用,趕走睡意,因此在睡眼矇矓又很想賴
床的早上,痛痛快快用高溫熱水快速沖澡,可以迅速趕走睡意。另外,重複進行數
次「高溫浴」,可以抑制胃部功能,所以,想要節食減肥者,不妨在飯前重複數次
「高溫浴」,即可降低食欲,自然減少食量。

　　想利用「高溫浴」來節食減肥者,應該在飯前半小時進行。但是,過度饑餓或體
力嚴重消耗時,則不宜採用此方法,否則將會對身體造成太大的負擔,最好先吃一
點食物填填肚子。尤其要注意的是,「反覆高溫浴」一天以兩次為限,次數不宜太
多。

STEP
08

伸直右腳，左腳往外側彎
曲。雙手盤在後頭部，上
半身慢慢往左彎，深呼吸
6次。

把身體的扭轉
想像成「C」
字形。

STEP
09

採取跪姿，雙手放在浴缸邊緣支撐身體。腰部
慢慢朝左側轉動，深呼吸6次。換邊做相同的
動作。

79

消除神經痛

此種伸展操可以改善因骨盆歪斜造成的坐骨神經痛。從背部、臀部到雙腳的完全伸展,可以矯正骨盆與下半身的骨骼,並可促進血液循環。伸展時絕對不宜過度勉強,盡可能做到位即可。

※神經痛的因素與症狀包羅萬象,千萬不可自行判斷,務必到醫院接受醫師診察,並聽從醫師的指示接受治療。

STEP 01

背靠浴缸坐在浴缸裡,雙手抓住腳尖,盡可能把雙膝伸直,深呼吸6次。

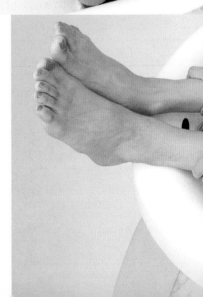

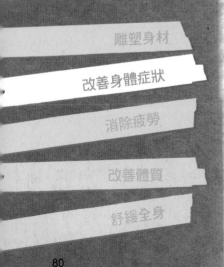

雕塑身材

改善身體症狀

消除疲勞

改善體質

舒緩全身

如何防止洗澡後受寒

　　泡完澡之後,經過一段時間就感到全身發冷……。您是否也有過這種經驗呢?

　　洗澡後全身感覺暖和,此時血管擴張,血液循環加快,但是,身體一離開浴缸,血管仍然呈現擴張狀態,血液所運送的「體熱」繼續放送到體外,因此沒多久就會感覺冷。

　　最理想的做法是洗完澡之後,立刻上床睡覺,但是許多人無法做到。

　　如何才能防止洗澡後受寒呢?其實方法很簡單也非常有效,那就是離開浴缸之前,用比洗澡水稍微低溫的水沖淋雙腳,利用這個方法可使血管收縮,抑止體內的熱度散發到體外。但是,高血壓或心臟疾病患者則應避免採用「冷水出浴法」,以免造成不良後果。

STEP

02

伸直雙腳,腳踝擱在浴缸邊緣,雙手抓住腳踝,深呼吸3次。

充分伸展臀部與膝蓋裡側。

Stretch

改善手腳冰冷

雕塑身材

改善身體症狀

消除疲勞

改善體質

舒緩全身

慢慢地移動上半身的體重

STEP

01

雙腳腳跟不貼地蹲者，雙手扶在浴缸邊緣支撐身體，腳跟慢慢往下放。腳跟貼地之後，上半身往前傾，慢慢伸展阿基里斯腱，深呼吸6次。

STEP

02

右腳往前移動，左腳跟盡量朝下，抬起上半身，盡量伸展左小腿，深呼吸6次。換邊做相同的動作。

比伸展動作可以促進血液循環、改善手腳冰冷。股
關節、膝蓋與雙腳後方是血液最容易淤滯的部位，
所以應該集中意志力專心伸展這些部位。尤其在伸
展腳踝時，可以矯正腳踝關節的歪斜。只要血流順
暢，即可改善手腳冰冷，同時也可以幫助身體更容
易燃燒脂肪。

ℐtretch

消除疲勞

促進體內血液循環之後，即可把造成疲勞的種種老化廢物排出體外。此伸展操可以同時矯正肩、腹、骨盆的歪斜，同時促進血液循環。平常忙於工作、家事或努力讀書以致身心疲勞時，做做此伸展操必可讓您感覺舒暢無比。

雕塑身材

改善身體症狀

消除疲勞

改善體質

舒緩全身

STEP
01

跪立在浴缸，雙手手指在身體前方交叉，慢慢往上舉起，高舉到雙手完全伸直之後，接著抬起下顎，伸直脖子。

保持此種姿勢，上半身慢慢往左彎，深呼吸6次。身體回復到中央位置，接著往右邊彎，深呼吸6次。

把身體想像成「C」字形。

STEP
03

雙手放在後方的浴缸邊緣，上身慢慢往後彎成弓形，抬起下顎，伸直脖子，深呼吸6次。

Stretch

保持頭腦清晰

把新鮮氧氣送到腦部，自然可讓頭腦保持清晰狀態。頭部是由脖子後側、肩部周圍肌肉與關節所支撐，因此這些部位經常處於緊張就容易呈現僵硬狀態。針對這些部位的肌肉與關節給與刺激，使其變得鬆軟的話，血液與氧氣即可輕易運送到身體的每個部位。

STEP 01

豎起膝蓋坐好，伸直背脊。

STEP 03

一邊吐氣，同時手肘慢慢往上抬，手腕抵住下巴，脖子慢慢往上伸直，深呼吸6次。

- 雕塑身材
- 改善身體症狀
- 消除疲勞
- 改善體質
- 舒緩全身

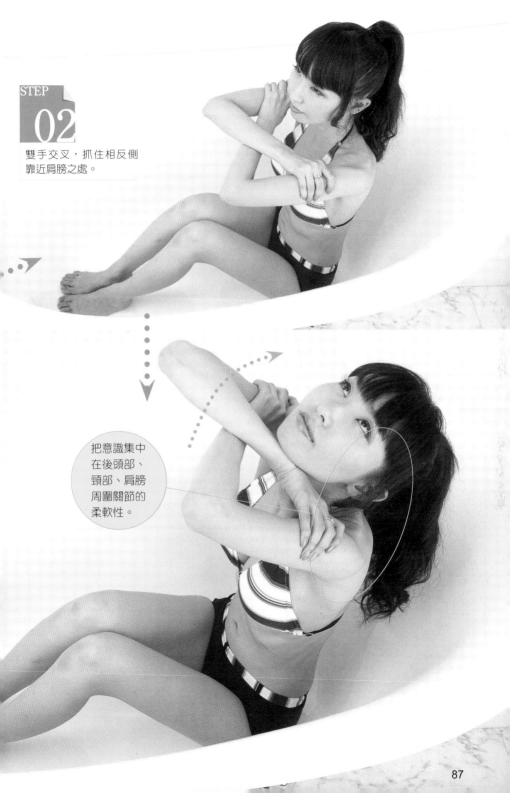

雙手交叉，抓住相反側
靠近肩膀之處。

把意識集中
在後頭部、
頸部、肩膀
周圍關節的
柔軟性。

Stretch

趕走憂鬱心情

此伸展操可以調整自律神經，驅散憂鬱情緒。同時利用骨骼矯正與按壓穴道的雙重效果，血流與氣流更加順暢，將鬱悶的心情與倦怠感完全一掃而空。

雕塑身材

改善身體症狀

消除疲勞

改善體質

舒緩全身

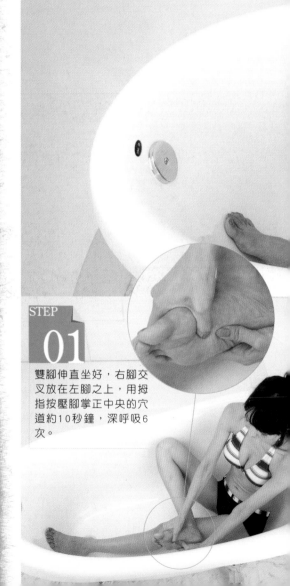

STEP 01

雙腳伸直坐好，右腳交叉放在左腳之上，用拇指按壓腳掌正中央的穴道約10秒鐘，深呼吸6次。

STEP
03

用左手把左膝慢慢往右壓，壓到最低點之後，深呼吸6次。換邊做相同的動作。

壓膝蓋的同時，同側的臀部往上抬。

STEP
02

右腳放回原處，豎起左腳膝蓋。

89

Stretch

塑造開朗的個性

此伸展操可以活化腦部，將鬱悶退縮的個性轉化為開朗活潑。頸部與自律神經、女性荷爾蒙的關係極為密切，伸展頸部即可以有效調整血流與氣流；同時也會刺激到肩胛骨，故可促進體內脂肪的燃燒。

豎起腳跟，
支撐臀部。

STEP 01

跪坐，雙手往後伸，放在浴缸邊緣。

STEP 02

下顎往上抬，伸直脖子，背部的肩胛骨慢慢往中央靠近，深呼吸6次。

雕塑身材

改善身體症狀

消除疲勞

改善體質

舒緩全身

下顎再度往上抬，伸
直脖子，背部的肩胛
骨往中央靠近，深呼
吸6次。

臉部回到原來位置，腰部
往上抬，採直立跪姿。

91

洗澡伸展操
可以有效改善失眠症狀

．．

「到了該上床睡覺的時間，卻總是輾轉反側睡不著」——這是現代人經常發生的問題，主要原因可能在於過慣夜生活、精神壓力過大、過度吹冷氣，造成自律神經失調而引發失眠問題。

健康的人一到晚上，副交感神經會發揮作用，自然就會產生睡意，一旦自律神經失調，促使腦部清醒的交感神經就會居於優勢，以致無法產生睡意。

「洗澡伸展操」對於改善失眠的效果非常顯著。上床睡覺的前一個小時，放鬆心情泡一個溫水澡，並且做做伸展操動動筋骨。把洗澡水的溫度設定為38～39℃進行「半身浴」，同時做20~30分鐘伸展操，即可讓身體的開關從交感神經切換為副交感神經，洗完澡之後，感到全身舒暢。

洗完澡之後，原則上必須喝一杯開水，不過，隔一段時間之後，喝喝少量的酒也無妨，可以舒解緊張的心情；但是，務必在洗完澡經過一個小時之後才可以喝酒。

如果失眠情況很嚴重，一直無法改善的話，很可能是因為其他疾病所引起，請務必接受醫師診察。

附　章

在公共澡堂、三溫暖進行的「洗澡伸展操」

Stretch

消除肩膀酸痛

矯正歪斜的頸部、肩部周圍的關節的話，可以促進血液循環，消除肩膀酸痛。再者，充分伸展頸部肌肉，可以促使女性荷爾蒙活性化，調整自律神經，所以，請找一個不妨礙他人的空間，充分伸展頸部與肩膀。

STEP 01

坐在階梯上，雙手伸直放在上一層階梯，伸直背脊，充分放鬆肩膀。

雕塑身材

改善身體症狀

消除疲勞

改善體質

舒緩全身

慢慢抬起上顎，伸直脖子，
增加頸部關節的柔軟性，深
呼吸6次。

完全伸展整個
肩膀到背部。

Stretch

消除雙腳浮腫

一邊使身體暖和一邊矯正腰部與骨盆，藉此消除下半身的浮腫。倒放左腳與右腳所出現的感覺如果有差異的話，代表骨盆歪斜的可能性非常大。在家的時候不妨天天做此伸展操，可以將身體變得比較不容易囤積老化廢物。

STEP 01

雙腳伸直坐好，雙手放在後方支撐身體。

雕塑身材

改善身體症狀

消除疲勞

改善體質

舒緩全身

STEP 03

上半身保持不動，慢慢將腰部向左扭轉。盡量讓膝蓋貼近地面。換邊做相同動作。

豎起右腳膝蓋，交叉移到左腳外側，
右腳跟放在左膝旁邊。

扭轉腰部時，
上方的臀部隨
著往上抬高。

97

Stretch

消除雙腳疲勞

STEP 01

雙腳伸直坐好，雙手放在地板上支撐上半身。豎起右膝，向外側移動。

STEP 02

右腳朝內側倒放。

雕塑身材

改善身體症狀

消除疲勞

改善體質

舒緩全身

此伸展操可以收縮已經鬆開的骨盆，矯正
整個腿部骨骼，同時可促進血液循環，故
可充分消除雙腳疲勞與浮腫現象，尤其是
泡溫泉時最適合進行此項伸展操，在盡可
能的範圍內把每個動作做到位。

STEP
03

左腳放在右腳上方，深
呼吸6次。換邊做相同
的動作。

將腳踝放在膝
蓋上方。

Stretch

消除臀部疲勞

STEP 01

雙腳伸直坐在浴缸內，雙手手指朝內放在身體後方以支撐上半身，深呼吸1次。

STEP 03

腰部慢慢往上抬，全身完全伸直，深呼吸6次。

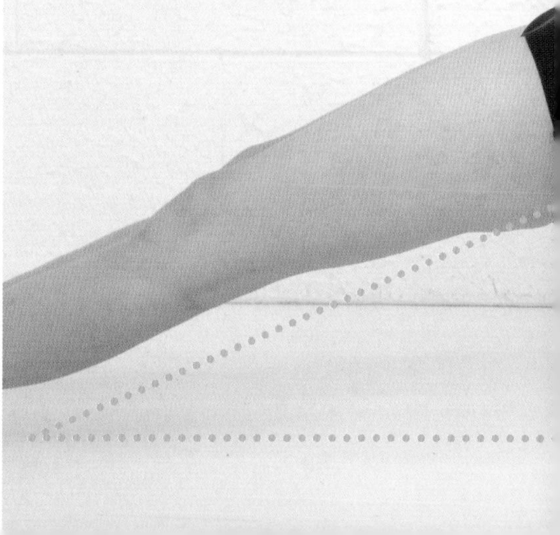

雕塑身材

改善身體症狀

消除疲勞

改善體質

舒緩全身

一邊深呼吸一邊伸直臀部與腰部，藉以促進血液循環，消除全身疲勞。胸部到腳趾之間應盡量伸直，可以提臀並消除蝴蝶袖的贅肉。

STEP 02

腰部往前移動，使身體離開雙手。

身體、手臂和地板之間形成三角形。

Stretch

改善腸胃功能

雕塑身材

改善身體症狀

消除疲勞

改善體質

舒緩全身

STEP 01

豎起膝蓋坐好。左腳慢慢放倒於地面，並穿過右腳下方。

STEP 02

右腳移向左腳形成交叉狀，右腳跟放在左膝旁邊。

矯正腰部、骨盆等腹部周圍的骨骼，同
時可以促進血液循環，調整腸胃功能。
把意識集中在肚臍下方10公分的「丹
田」，順利運氣，全身將會感到非常舒
爽。

雙手抱住右腳，慢慢朝身體方向壓，肩膀完
全放鬆，伸直背脊，深呼吸6次。換邊做相同
的動作。

把意識集中
在肚臍下方
10公分的
「丹田」。

Stretch

消除腰部疲勞與疼痛

利用水池的浮力來矯正骨盆歪斜，並藉此消除疲勞與疼痛。讓腳尖騰空，慢慢扭轉腰部。此伸展操的療癒效果非常卓越。

雕塑身材

改善身體症狀

消除疲勞

改善體質

舒緩全身

STEP 01

坐在水中，雙腳伸直，雙手貼地支撐身體。使腰與腳尖浮起，同時伸直全身。

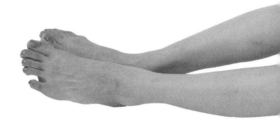

STEP 02

保持腳尖騰空的姿勢，腰部往左扭轉，深呼吸3次。換邊做相同動作。

慢慢扭轉即
可，不必用
力太猛。

Stretch

消除全身疲勞

雕塑身材

改善身體症狀

消除疲勞

改善體質

舒緩全身

STEP

01

蹲在水池內，雙手
貼地支撐身體。

利用水的浮力使身體前後動一動，藉以促進全身的血液循環。把意識集中在關節活動上，慢慢將每個動作做到位。做此伸展操的時候，請務必確定後面沒有人。

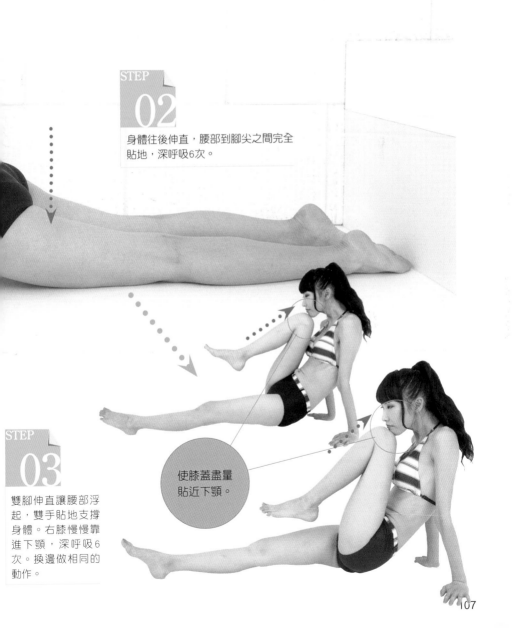

STEP
02

身體往後伸直，腰部到腳尖之間完全貼地，深呼吸6次。

STEP
03

雙腳伸直讓腰部浮起，雙手貼地支撐身體。右膝慢慢靠進下顎，深呼吸6次。換邊做相同的動作。

使膝蓋盡量貼近下顎。

久永陽介

　擁有按摩指壓、針灸、整骨、整脊、柔道整復師等五種專業執照，曾經擔任日本奧運委員會強化訓練專員、日本綠洲公司(http://www.oasis-group.co.jp)代表、日本關節伸展操協會代表、美容沙龍與治療院的顧問。

　在某種因緣下認識為嬸嬸治病的醫師，並因此踏入中醫領域，1996年獨立創業，目前在美容沙龍、健身中心、休閒旅館設立的相關店面多達八十多家。

　他所開發的「關節伸展操」(骨骼伸展操)可在瞬間將錯位五公分的腰部骨骼復原，被普遍運用在整脊整骨療法當中，受到治療的患者涵蓋各種職業領域，包括著名的體育選手、政經界人士、歌手、女明星、美容美體業者、財經顧問等等。目前經常舉辦治療師養成研討會，擔任美容醫療院所的諮商顧問，並經常演講、撰寫健康專欄，在健康美容領域中有著出色的表現。

●每日1分鐘　魔法骨骼伸展操　http://www.mag2.com/m/M0057665.html

　由日本奧委會強化訓練專員、著述多本「骨骼伸展操」的作者久永陽介先生擔任版主，每天郵寄一封「骨骼伸展操」的電子郵件給會員。

骨盤放鬆來瘦身

14.8 x21cm 128頁
定價250元　彩色

骨盤放鬆就可以瘦身？想必聽到這句話一般讀者的反應通常是一頭霧水吧，先不論骨盤跟胖瘦有何關聯，骨盤居然也需要放鬆？

骨盤位於身體的正中央，當它處在不健康的狀態時，將會影響到整個人的身體狀態，包括一個人的外表，您的美麗很有可能會因此大打折扣。妝上不去、牛仔褲太緊、臉部浮腫、容易倦怠、下半身肥胖、駝背……其實很有可能是骨盤開閉不順或是骨盤歪斜造成的。

書中介紹各種實用卻簡單的骨盤體操，幫助放鬆骨盤，矯正身體的歪斜。每天只要花一點點的時間，就能擁有理想體態。骨盤變輕鬆，不論身心都能放鬆，展現輕盈姿態，妳也可以變身人氣美女。

**骨盤決定
怎麼吃最苗條**

14.8 x21cm 128頁
定價250元　彩色

為什麼別人就算大吃大喝也無所謂，而自己卻是喝水就會胖？妳一定不知道，關鍵居然在「骨盤」。史上最強效的骨盤操＋飲食法，從此大啖美食也纖瘦！

日本知名骨盤先生「寺門琢己」獨創『骨盤清爽舒適塑身』。教妳依據自己的骨盤類型，來決定日常飲食以及生活方式，脂肪瞬間速燃，從此擁有纖細苗條好身材！

骨盤可大致分為敞開和閉合兩種類型，骨盤類型不同，身體燃燒、代謝的方式也不同。書中將依據骨盤類型量身訂作飲食方式和食物種類。並且教導讀者如何因循骨盤活動的狀態，擬訂生活日程表。

氧氣美人 深呼吸

18.2x21cm 96頁
定價250元 彩色

呼吸＝生命能量的進出

學會深呼吸後，能促進血液循環，使腸道變活潑，代謝變好有助於排出身體老舊廢物與毒素，不僅能改善體質，皮膚暗沉、粗糙等問題也迎刃而解。在獲得外表看得見的美麗同時，還獲得健康的身體！

日本瑜珈＆呼吸大師龍村修，提倡呼吸體操。就是將瑜珈與呼吸法相結合，透過瑜珈拉伸＆柔軟身體肌肉與筋骨，並同時深呼吸，如此一來能使深呼吸對人體的效果更加倍！

龍村式呼吸法的特色在於將呼吸法融入日常生活，不用花太多時間，不用照表操課，重要的是要長期持續進行，便能持續擁有健康美麗的身體。

**美腿模養腿
「白金法則」**

14.8x21cm 128頁
定價280元 彩色

養成美麗的雙腿很難嗎？要砸重金打造嗎？要鍛鍊到天長地久、海枯石爛嗎？通通都不用！本書所介紹的鍛鍊保養自己在家就能做！考慮到現代人的忙碌生活，因此，讓您鍛鍊美腿不需要花費太久的時間就能達到良好的效果，本書沒有繁瑣複雜的步驟，也沒有太多冗長的文字說明，可以讓您抱持輕鬆的心情來實行。

除了一般的美腿鍛鍊之外，還教您如何從日常的舉止中調整自己的姿勢。另外配合服飾配件的穿搭，讓您不單單擁有一雙美腿，還要讓您的美腿越來越美、越看越美！就讓金子EMI喚醒妳沉睡已久的美腿潛力！讓迷你裙不再只是夏天的專利，天氣再冷也要穿短裙！一年四季都是美腿日！

TITLE

微熱38℃！最享瘦的幸福泡澡美人操

STAFF

出版　　　三悦文化圖書事業有限公司
作者　　　久永陽介
譯者　　　郭玉梅

總編輯　　郭湘齡
責任編輯　黃雅琳
文字編輯　王瓊苹　林修敏
美術編輯　李宜靜
排版　　　靜思個人工作室
製版　　　明宏彩色照相製版股份有限公司
印刷　　　皇甫彩藝印刷股份有限公司
法律顧問　經兆國際法律事務所　黃沛聲律師

代理發行　瑞昇文化事業股份有限公司
地址　　　新北市中和區景平路464巷2弄1-4號
電話　　　(02)2945-3191
傳真　　　(02)2945-3190
網址　　　www.rising-books.com.tw
e-Mail　　resing@ms34.hinet.net

劃撥帳號　19598343
戶名　　　瑞昇文化事業股份有限公司

初版日期　2012年1月
定價　　　250元

國家圖書館出版品預行編目資料

微熱38℃！最享瘦的幸福泡澡美人操：3步驟速
瘦！一邊洗澡，一邊伸展，讓你健康又窈窕！／
久永 陽介作；郭玉梅譯.
-- 初版. -- 新北市：三悦文化圖書，2012.01
112面；14.8×21公分

ISBN 978-986-6180-88-0 (平裝)

1.塑身　2.健身操　3.沐浴法

425.2　　　　　　　　　　　100028381

OFURO STRECH
by HISANAGA Yosuke
Copyright © 2010 HISANAGA Yosuke
All rights reserved.
Originally published in Japan by SHUWA SYSTEM CO., LTD., Tokyo
Chinese (in complex character only) translation rights arranged with
SHUWA SYSTEM CO., LTD., Japan
through THE SAKAI AGENCY and KEIO CULTURAL ENTERPRISE CO., LTD..